软装家具与布艺搭配

DECORATION
DESIGN

李江军 编

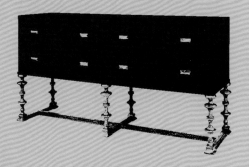

中国电力出版社
CHINA ELECTRIC POWER PRESS

内容提要

本系列图书分为《软装风格解析与速查》《软装色彩与图案搭配》《软装家具与布艺搭配》《软装配饰选择与运用》四册，图文结合，通俗易懂。家具与布艺作为软装中的基本点，体现出居室总体色彩、风格的协调性。本书重点介绍各个家居空间的家具布置与布艺软装知识，对其中一些经典案例进行专业解析，深入浅出地讲解家具与布艺基本的搭配法则。

图书在版编目（CIP）数据

软装家具与布艺搭配 / 李江军编. —北京：中国电力出版社，2017.8（2018.5重印）
ISBN 978-7-5198-0847-1

Ⅰ. ①软… Ⅱ. ①李… Ⅲ. ①室内装饰设计－世界－图集 Ⅳ. ①TU238-64

中国版本图书馆CIP数据核字（2017）第142137号

出版发行：中国电力出版社
地　　址：北京市东城区北京站西街19号（邮政编码100005）
网　　址：http://www.cepp.sgcc.com.cn
责任编辑：曹　巍　联系电话：010-63412609
责任校对：闫秀英
装帧设计：王红柳
责任印制：杨晓东

印　　刷：北京盛通印刷股份有限公司
版　　次：2017年8月第一版
印　　次：2018年5月北京第二次印刷
开　　本：889毫米×1194毫米　16开本
印　　张：10
字　　数：280千字
定　　价：58.00元

前言

　　软装设计发源于欧洲，也被称为装饰派艺术。在完成了装修的过程之后，软装就是整个室内环境的艺术升华，如果说装修是改变室内环境的躯体，那么软装就是点缀室内环境的灵魂。

　　软装设计是一个系统的工程，想成为一名合格的软装设计师或者想要软装布置自己的新家，不仅要了解多种多样的软装风格，还要培养一定的色彩美学修养，对品类繁多的软装饰品元素更是要了解其搭配法则，如果仅有空泛枯燥的理论，而没有进一步形象的阐述，很难让缺乏专业知识的人掌握软装搭配。

　　本套系列丛书分为《软装风格解析与速查》《软装色彩与图案搭配》《软装家具与布艺搭配》《软装配饰选择与运用》四册，采用图文结合的形式，融合软装实战技巧与海量的软装大师实景案例，创造出一套实用且通俗易懂的读物。

　　软装设计首先要从风格入手，明确整个软装的设计主题。《软装风格解析与速查》一书重点介绍11类常见室内设计风格的软装搭配手法，并邀请软装专家王岚老师对其中100个经典案例进行专业剖析，让读者以最快的速度理解各类风格的软装特点。

　　在软装设计中，色彩是最为重要的环节，色彩不仅使人产生冷暖、轻重、远近、明暗的感觉，而且会引起人们的诸多联想。《软装色彩与图案搭配》一书重点介绍墙面、顶面、地面等室内空间立面的色彩与图案构成，以及不同风格印象的常见色彩搭配，并邀请色彩学专家杨梓老师一方面对案例的背景色、主体色与点缀色进行分析，另一方面再给这些色彩搭配案例赋予如诗一般的意境，生动阐述色彩的搭配原理。

　　家具与布艺作为软装中的基本点，体现出居室总体色彩、风格的协调性。《软装家具与布艺搭配》一书重点介绍各个家居空间的家具布置与布艺软装知识，邀请对布艺搭配具有独到研究与创新的软装专家黄涵老师对其中一些经典案例进行专业解析，深入浅出地讲解家具与布艺基本的搭配法则。

　　配饰元素是软装中的点睛之笔，饰品的布置与搭配需要设计师有着极高的审美眼光与艺术情趣。《软装配饰选择与运用》一书重点介绍灯饰照明、餐具摆设、装饰摆件、墙面壁饰、墙面挂画、花艺与花器、装饰收纳柜等七大类软装配饰的选择与搭配知识，邀请软装专家王梓羲老师对其中的经典案例做深入讲解，让软装爱好者对软装饰品的摆场与搭配法则做到心中有数。

目录 contents

客厅软装家具
搭配场景

○中式风格客厅软装家具搭配

○美式风格客厅软装家具搭配

○简约风格客厅软装家具搭配

○欧式风格客厅软装家具搭配

○混搭风格客厅软装家具搭配

客厅是日常生活中使用最为频繁的功能空间，是会客、聚会、娱乐、家庭成员聚谈的主要场所。客厅软装家具包括沙发、茶几、角几、电视柜、收纳柜等，无论空间是大还是小，规则还是不规则，客厅家具的搭配布置都需要精心规划，这样才能巧妙地利用每寸空间，打造出最舒适的客厅。

爱马仕橙

　　鲜亮的爱马仕橙和柔和的纳瓦霍黄用在客厅里活力十足，这组经典的配色能给人带来积极与喜悦的心理感受。橙色的结构线分里外两层，外层墙面色彩与窗帘，里层的抱枕与单人沙发和橙色书籍，清晰的色彩结构让空间看起来热烈而不显纷杂。白底黑框的装饰画让大幅的橙色墙面形成理性分割，减弱了大面积纯色带来的视觉疲惫。画面的色调与地毯的色调上下呼应，达到平衡一致的效果。

TIPS ▶ 在大量使用单一色彩进行配搭时，色彩结构线要清晰明了，才能避免色彩分布过于凌乱而产生烦躁感。当墙面色彩面积过大，可利用装饰画、壁挂等将墙面进行分割，以达到比例平衡。

花鸟图案的鼓凳给空间增加活力

适合混搭的客厅家具

> 第一种是设计风格一致，但形态、色彩、质感各不相同的家具，这类家具比较适合在一些中小户型的房间内摆设，以形成视觉上的反差。第二种是色彩不一样，但形态相似的家具，这类家具看起来不会产生非常强烈的对比感，适合面积较大的居室。还有一种是设计和制作工艺都非常精良的家具，这种家具适合各种混搭空间，但数量不宜过多。

木质小几案增加美式风格客厅的历史感与厚重感

藤编座椅增加空间自由随性的气质

木质、皮质、布艺与金属材质的家具混搭

水洗白雕花木框沙发具有复古怀旧的特点

托斯卡纳风

　　淳朴自然的托斯卡纳风格透露着原始之美，沙发布艺典雅的纹样带有古老的欧式特征，古朴的家具木纹和结节清晰可见，与墙面岩石与灰泥的朴实无华交相辉映，斑驳的台灯与装饰品年代感十足，墙面的装饰画带来天空与海的气息，整个客厅自然、明媚又有着道不尽的故事，仿佛在阳光下的托斯卡纳小镇品阅一本耐人寻味的史书。

TIPS ▶ 托斯卡纳风格有着一股古朴的乡村之美，有着深厚的文化底蕴，是简朴的、乡村的也是典雅的，塑造这一风格的软装场景，要注重室内装饰与自然的结合，还有年代感十足的古朴韵味。

崇尚自然

简约、直接、注重功能是北欧风格的典型特征。在此客厅中，家具完全摒弃了复杂的曲线和雕饰，沿袭了德式的功能实用主义和工业风痕迹，更注重本真和实用。象征海洋的蓝和象征太阳的黄是经典的瑞典式配色，是对宽广和温暖的向往，通过这一配色的运用，使空间呈现出阳光、积极的情感色彩。原木、棉麻、陶器等都显示着崇尚自然的情怀。

TIPS ▶ 搭配北欧风格的场景，完全不使用繁复的纹样、雕饰，利用格纹、条纹、色块等来表达设计层次，取材自然，营造舒适愉悦的空间氛围。

质感提升气质

　　高光白的茶几布置在周围都是亚光材质的家具中，显得鹤立鸡群，又因为这种质感上的对比，使得原本慵懒的氛围变得精致起来。

　　在家居软装布置中，可以巧妙地使用不同材质的质感对比来提升空间的气质。高光的材质显得精致，亚光的材质体现柔软，巧妙地把握好不同材质的比重，就可以控制好空间质感的倾向。

铆钉装饰的白色布艺沙发适合于新中式风格客厅

中式客厅摆设现代风格沙发

> 客厅家具的摆放不一定拘泥传统，比如在中式风格的客厅设计中，可以用现代风格的沙发配合有中式元素的靠背点缀，也可以表达出家居的主题，现代风格的沙发实用性非常强，坐感也比较舒适，改变了传统中式座椅的硬朗与厚重，提高了实用性。

黑色皮质沙发搭配厚重的木质茶几体现中式禅意的特点

同样材质但不同颜色的布艺沙发对称摆设

纯色布艺沙发利用绘画屏风和抱枕点缀

层次丰富

　　棕咖色从外围的建筑窗框到里围的皮毛地毯再到中心点的木质茶几，深青色从外围的窗帘到里围沙发上的抱枕再到中心点的茶几插花，两条色彩结构线由外而内，层次非常清晰，使得偌大的空间满而不乱，层次丰富有序。另外，棱角分明的家具款式、均衡分配的水波窗幔以及矩阵地毯纹样等元素让空间看起来方正大气，庄重大方。

TIPS ▶ 大空间的软装搭配须做到大而不空，满而不乱，其中清晰的色彩结构层次很关键，方正的轮廓和有序的排列方式都能增添空间的气势。

引用自然光

从某种意义上说，"借光"和"借景"不至是建筑设计师的专利，也可以成为软装设计师的高招。充裕的光线和良好的外景，与室内氛围融为一体，触感柔软的素白纯棉布沙发，麻编的地毯，再加上室内绿植的运用，与窗外光、景相互映衬，交织成一幅清新、自然的空间图画。

TIPS ▶ 引用自然光线和户外景观来装饰室内空间时，多选用天然的材质，如棉、麻、原木等，来营造朴实生态的情感氛围，并须注重室内外的色彩及元素的呼应。

制造纵深感

　　沙发古铜色的铆钉和皮革茶几的拉扣工艺能带来厚重粗犷的效果，加上做旧的单椅和铁艺喷涂的圆几等使空间看起来更为随性洒脱，而墙面的酒红色挂镜和茶几红色花艺的柔和与细腻又恰到好处地削弱了家具带来的朋克感，让其有种"枪炮玫瑰"的铿锵与温软。墙面的装饰画给空间带来了很强烈的纵深感。

TIPS ▶ 面积小的客厅可以利用装饰镜面的反射来拉大视觉纵深，选用纵深感强的装饰画也是延伸空间的一种手段。打造多层次的情感氛围，要注意主次分明，达到刚硬中掺入些许柔软，或者柔软中夹杂着少许刚硬的效果。

色彩主导

这是一个以色彩作为情感主导的空间，橘色代表着年轻、热情和活力。有了这一情感的引导，家具选型也变得多样化，不拘形式，软体家具和框架家具、曲线和直线、不同颜色的木质涂装都在这一空间里和谐存在，并且显得更为活泼多变。

TIPS ▶ 运用不同款式不同风格的家具进行混搭时，可以利用引人注目的色彩来主导空间情感。

对称布局

　　对称的布局能给人以很强的仪式感，以壁炉为中轴线，家具、装饰画、饰品等都遵循对称的原则分布，使空间典雅而庄重。浅色的家具和饰品在深色墙面的衬托下显得层次鲜明，格外瞩目，一张黑白斑马纹的地毯不仅将空间里黑白两色不着痕迹地贯穿起来，也给空间带来时尚的元素。

TIPS ▶ 颜色深、光线暗的空间里选择浅色的软装元素，能利用深浅两色的对比给视觉带来的前进和后退的错视，以产生纵深的空间感，对称的布局方式使空间显得庄重典雅。

美式风格客厅沙发布置

喜爱美式沙发的业主在购买前一定要测量好客厅的面积，一般只有 20m² 以上的大客厅才能考虑这类沙发。而且这类沙发是否需要"3+2+1"成套地购买也是一个问题。如果希望客厅看起来不要过满，可以只买一个两人座或一人座、三人座的美式沙发，然后再搭配一张躺椅，这样看起来既灵活，用起来也很方便。

大面积的客厅适合摆设成套的美式家具

带有储物功能的复古茶几

三人沙发左右各摆设一个单人沙发

"3+1"的沙发组合中可以增加一个摆放台灯的边几

双人沙发搭配单人沙发和座椅可随意放置

对称放置书柜

　　蓝白调是希腊地区地中海风格的惯用配色，深邃的大海、细白的沙滩是主要的色彩来源。在大面积深蓝色的空间里选用白色的家具，让家具与墙面之间产生了很大的间隙感，从而使视觉空间扩大。结合户型的特点在沙发两侧对称放置书柜、并将建筑窗完美地融入立面构图中，既让画面规整又丰富了日常使用功能。另外，沙发的条纹面料在空间里起到了强化风格的作用。

TIPS ▶ 面积小的客厅要满而不挤，可利用户型特点满足日常功能需要的同时盘活角落。

多元化材质

　　没有过多繁复的装饰痕迹，也不拘泥于某一种形式，更没有张扬的色彩，简约和随性是此客厅强调的性格。没有经过刻意摆放的家具材质多样，布艺、亚克力、藤木、金属等元素都汇聚其中，更有竹制的壁挂、纸质的落地灯等，多元化材质的混搭使得简约的客厅富有现代艺术气息，丰富而不空泛。茶几上随意的插花和朴实的藤编地毯也清晰地表达着自由的生活态度。沙发背面的屏风修饰了异形户型的不足。

TIPS ▶ 打造色调素净淡雅的简约空间时，材质的多样化可以使空间看起来丰富饱满，富有设计感。

大都会风格

　　黑亚光的木质家具透着一股内敛的时尚，粗花呢格纹的单沙发和长毛绒的沙发凳以及黑白斑马纹的地毯为这一气质增添了几分高光。高光的黑色PVC灯罩和黄铜的边几更是赋予了一笔绅士的贵气。抽象油画在灰蓝色墙面的映衬下显得格外突出，使得艺术气息油然而生。时尚、高雅、艺术融合成了都市新贵的高品质体验。

TIPS ▶ 　大都会风格用材考究，皮毛、金属、玻璃以及烤漆等都是常用的材质。注重艺术氛围的塑造，讲究时尚现代的都市感。

金属支脚的玻璃茶几显得十分轻盈

客厅茶几搭配

> 一般来说，沙发前的茶几通常高约 40cm，以桌面略高于沙发的坐垫高度为宜，但最好不要超过沙发扶手的高度，有特殊装饰要求或刻意追求视觉冲突的情况除外。茶几的长宽比要视沙发围合的区域和房间的长宽比而定。狭长的空间放置宽大的正方形茶几会有过于拥挤的感觉。大型茶几的平面尺寸较大，高度就应该适当降低，以增加视觉上的稳定感。

圆形茶几呼应中式回纹造型的书架

带有软垫的木质小茶几兼具临时书架的功能

乡村风格的客厅适合搭配做旧工艺的木质茶几

黑色茶几与米色系沙发形成色彩对比

高背沙发

　　设计师将高背沙发放置在两侧的沙发辅助位上，采用了与主体沙发不同的色彩点缀，同时因两者有颜色差异，形成了很好的呼应关系和层次感。

　　高背沙发又称为航空式座椅，它的特点有三个支点，使人的腰部、肩部、后脑部同时靠在曲面靠背上，十分舒服。同时高背沙发由于其体量较传统沙发大，与传统沙发放置在一起，能够形成很好的差异，增加家具之间的层次感。

异域元素

　　此场景有欧式会客厅的典雅又融入了东南亚的异域风情。简约的壁炉以一面连接至顶面的装饰镜来加强仪式感，也利用镜面的反射增加了空间感。主沙发的典雅纹样与单沙发的粗肌理质感形成鲜明的风格差异，热带风情的壁纸与麻编的地毯以及壁炉上的鎏金木雕饰品等为空间增添了神秘的异域体验，显得庄重、古朴、神秘、休闲。

TIPS ▶ 异域元素的运用赋予了空间情感温度，稍稍加入几件风格差异化的饰品便可使空间更加神秘耐人寻味。

自由随性

　　美式休闲风格的盛行体现了现代都市人追求闲适、自由的生活态度，从客厅的布局到色彩纹样的搭配再到材质的选择都遵循着这一情感需求。家具与装饰画都放弃了对称与均衡的布局方式，显得自由而随性，宽厚的软体沙发以舒适为主，布艺的搭配由纯色、格纹和大马士革纹组成，变化丰富的同时又通过珊瑚色和芥末绿这一色彩组合进行统一贯穿，整体协调，条理清晰。选用了原木、棉布以及簇绒地毯等亲和力极强的材质，让整个空间温馨舒适。

TIPS ▶ 不对称的布局形式是表达自由的极好手法，纯天然材质的运用能给空间增加舒适感，当利用多种纹样来营造丰富的层次时，统一的色彩能保证其条理清晰，不至于显得杂乱无章。

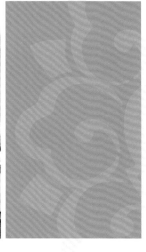

客厅电视柜搭配

电视柜与书柜合为一体

做旧工艺的美式电视柜

通常电视柜的尺寸设计要为电视机长的 1.7 倍，高度最好控制在 40~60 厘米。一般沙发坐面高度是 40 厘米，坐面到眼部高度距离是 66 厘米左右，加起来就是 106 厘米，这就是人体视线高度，如果没有特殊的需求，电视柜的高度到电视机中心高度最好不要超过这个高度。

手绘孔雀图案的电视柜给空间带来高贵神秘的气质

细脚的白色电视柜适合简约风格客厅

抽屉式的设计可以给电视柜带来更多储物功能

清新时尚

草木绿 & 湖水蓝的配色成为年轻一族的新宠，它呈现出来的清新时尚气息有着魔法一般的吸引力。再加上薰衣草紫的渲染，又增添了几分浪漫的情调。素白的沙发通过几色抱枕和搭巾的装点显得丰富饱满，特别是抽象动植物的纹样，增加了几分灵动的韵味，藤编的茶几和半釉陶罐、水培花卉、小鸟饰品等带来大自然的气息，让整个空间从色调到意韵都十分清新雅致。

TIPS ▶ 格纹地毯和动植物纹样的抱枕赋予了空间灵魂与活力，结合清新自然的配色，呈现出一种时尚的浪漫氛围。

点缀色应用

　　灰色的水泥墙面、黑色的皮革沙发、白色的大理石茶几及装饰画所占的色彩比例主次分明，黄色的抱枕作为此场景的点缀色，是活跃气氛的点睛之笔。通透轻巧的金属单椅和敦实沉稳的沙发之间不论从体量上还是质感上都形成了尖锐的对比，加上装饰画采用的不对称挂法，正是利用这种矛盾和失衡的视觉对比，使得现代都市风格的空间更为时尚前卫。

TIPS ▶ 空间的色彩分配黄金比例为 70：25：5，点缀色通常能起到引导情感的主要作用。在打造现代感极强的空间时，矛盾、对比、失衡等手法都能迅速增加时尚感。

高贵气质

  大小不一的金色相框布满了整个墙壁，犹如随意摊开的书籍，展现着浓郁的生活气息。白色的壁炉介于代尔夫特蓝的墙壁和群青蓝的沙发之间，使两处大面积的纯色层次分明。窗帘的格纹与沙发抱枕格纹遥相呼应，而又疏密有致。金色的台灯及家具构件呼应着吊灯与相框，在空间里呈现着高贵的气质。

TIPS ▶ 大小不一、内容多样的相框给空间带来了故事性，深邃静谧的蓝色加上金色的点缀，显得高贵而优雅。

一字形沙发布置形式

简约风格的小户型客厅中,一字形沙发布置给人以温馨紧凑的感觉,适合营造亲密的氛围。只需将客厅里的沙发沿一面墙摆开呈一字形,前面放置茶几。这样的布局能节省空间,增加客厅活动范围。

三人沙发搭配茶几与边几是客厅常规搭配家具

软垫造型的沙发让此处成为一个可坐可躺的休闲空间

一字形布置的皮质沙发搭配布艺抱枕营造温馨气氛

三人沙发旁增加一个高度不超过扶手的储物柜作为边几

三人沙发与一高一矮的茶几搭配富有趣味性

鸟语花香

　　一般印象中的中式风格是稳重、沉闷、老龄化的，当一抹清新的绿洲色从棕黑色的木质家具和玳瑁色的皮革硬包中脱颖而出，带来耳目一新的视觉亮点，一股生命力油然而生。家具轮廓简约直接，毫不雕饰，给人以干净利落的现代感，墙面的花鸟工笔画和陶瓷的花鸟鼓凳强调着新中式的雅韵，茶几上的彩绘陶瓷花器不加修饰地插着几枝白梅，恰到好处地渲染着鸟语花香的主题。

TIPS ▶ 从装饰画题材到鼓凳的纹样再到插花的形式，花鸟题材的延展，使得整个客厅场景主题脉络清晰可见。

L 形沙发布置形式

> L 形沙发布置是客厅家具常见的摆放形式，适合长方形、小面积的客厅内摆设。而且这种方式有效利用转角处的空间，比较适合家庭成员或宾客较多的家庭。先根据客厅实际长度选择双人、三人或多人座椅。再根据客厅实际宽度选择单人、双人沙发或单人扶手椅。

三人沙发与单人椅之间的空间加入边几与绿植装饰

成套的 L 形布艺沙发恰到好处地利用了客厅空间

L 形布置的沙发搭配高矮组合茶几体现现代时尚的气质

L 形布置中的单人椅通常摆设在靠墙或窗的一侧

米色布艺沙发与金属边几、皮质茶几之间形成趣味性的质感对比

中西混搭

    将东方元素与西方的表现形式相结合，成就"东情西韵"的艺术效果。典型的欧式沙发采用印有中式花鸟图的布艺进行装饰，传统的欧式斗柜利用中式的漆画工艺绘上了花鸟图案，以及墙面的水墨画和工笔画，都是东方艺术的代表元素，这种东西方文化相结合的混搭手法使得空间新颖生动。特别是赭黄色与松石蓝的搭配，时尚而夺目，让空间又有一种时尚与古典相融合的趣味性。

    中西混搭和古今混搭是混搭风格惯用的手法，而本案将这两种手法都融入其中，让混搭的趣味更加出色。

乡村风格客厅特别适合围合型的沙发布置形式

围合型沙发布置形式

> 围合型布置是以一张大沙发为主体，搭配多把扶手椅的布置形式。主要根据客厅的实际空间面积来确定使用几把扶手椅，可以根据自己喜好随意摆放，只要整体上形成凝聚的感觉就可以。这种围合式沙发摆放方式适用于大小不同的空间中，还能在家具形式的选择上增加多种变化，更显示居住者的个性。

混搭风格的围合型布置

围合型布置形式在沙发造型上不拘一格

对称式的围合型布置具有仪式感

围合型的沙发布置形式最能体现休闲随意的氛围

自然风格

自然风格讲究的是本色自由，营造朴实、生态、休闲的空间氛围。柔软舒适的麻布沙发、藤编的箱式茶几、粗针织的搭毯以及水培花艺等都是打造这一风格的代表元素。色调柔和温馨，皆为本色出演。抱枕选用了植物花卉纹样，以表达对大自然的亲近，薄纱制作的窗帘若隐若现地将窗外景观引入室内，让室内充满绿意盎然的生命力。

TIPS ▶ 不论是材质还是色调都遵循自然，完全摒弃人为的科技痕迹，采用绿植、盆栽或者水培花卉等进行渲染气氛。

点缀色应用

主体沙发前三个圆形茶几的组合，给相对平淡的空间注入了活力。特别是柠檬黄色的圆茶几跳跃感很强，再搭配上几何图案的地毯，大大地提高了整个空间的时尚性。设计师采用近阶段的流行元素去布置软装饰品，元素上可以采用几何感较强的纹样以及饱和度较高的颜色等，这样的处理可以让整个空间的氛围由平淡变得时尚起来。

○ 中式风格过道软装家具搭配

○ 乡村风格过道软装家具搭配

○ 简约风格过道软装家具搭配

○ 欧式风格过道软装家具搭配

过道软装家具
搭配场景

有些大户型中的过道面积较大，可以布置一些边柜或者休息椅之类的家具，但如果面积较小，则最好不要布置，任何占用地面空间的家具，以保持过道的通畅为宜。但要注意过道是走动频繁的地带，为了不影响进出两边居室，摆放家具最好不要太大，圆润的曲线造型既会给空间带来流畅感，又不会因为尖角和硬边框给主人的出入造成不便。

欧式高贵

选用了磅礴大气的欧式家具款型，与客厅空间风格一致，高光烤漆描金的家具奢华大气，配合金色的艺术壁挂，将空间打造得高贵富丽。中心花台的布置保证动线顺畅的同时又减小了空间的空旷感，紫红色调的花艺与地毯上下呼应，为金银充斥的空间带来色彩的华丽感。

TIPS ▶ 连通各个相邻空间的过厅起着非常重要的承接作用，与各个空间的风格和色调应是和谐一致，或是流畅过渡，如果擅自求变会显得突兀而喧宾夺主。

过道端景软装搭配

" 巧妙的端景设计可以改变过道的氛围，掩盖原有空间的不足。简单的做法是在墙面悬挂一幅大小适宜的装饰画，前方摆设装饰几或装饰柜，上方摆设花瓶或工艺品。还有一种做法是将墙面整体进行造型设计，再选择落地式的大花瓶，插上鲜花或干枝，也可直接做出一体式的装饰台面，将饰品放在上面。 "

具有异域风情的端景设计

呈三角形摆设的饰品

利用挂镜延伸过道的空间

中式根雕表现浓郁的禅意氛围

玄关柜与背景墙上的装饰画形成一个整体画面

镜面延伸空间

　　端景的塑造意在幽深和延续，避免给人以"死胡同"的感觉。选用线条感极强的玄关柜，从水平线上拉宽了狭窄的过道，深沉的色彩能让视觉退后，而墙面装饰挂镜通过对景的反射让视觉得以延伸。玄关柜上的饰品摆放采用均衡的构图方式，让画面看起来庄重典雅。黄色的花艺点缀性地调和了这种庄重的气氛。

TIPS ▶ 玄关柜的横条纹能让视觉变得开阔，暗色调能让空间变得幽深，挂镜的折射有着极好的延伸感，使用镜面装饰时，应考虑对景的营造，让镜中有景可映。

欧洲地图拼画

墙面的欧洲地图拼画和玄关台上的青花瓷器，形成鲜明的中西风格对比，两侧鲜亮的蓝色单椅与青花瓷器形成明显的色彩纯度对比，再加上做旧的家具木面和铁艺台灯带来的年代感，把过道装点得丰富多变，使人产生很强的视觉印象，"过"而不忘。

TIPS ▶ 作为不常停留的通道空间，往往容易被人忽视和遗忘。而多元素的混搭能产生强烈的对比感，给人留下深刻的印象，从而变得引人注目。

多功能小单品

　　通常，业主会比较重视公共区域的美观程度，由于人在此部分的活动比较集中，过道区域的功能需求也应该是最强的，而且往往还不是单一的功能。

　　一件精美的多功能单品胜过几个生硬的功能家具。这件做工精致的木制品外形优美，镜子和凳子合二为一，放置在房间的墙边，能反射由窗户透过来的光线，使得公共区域更加明朗，同时还具有休闲小憩的功能，一举多得。

平衡画面

　　门厅过道采用了左右对称的布局方式，两边设置的换鞋凳既有实用功能又为空间增添了活泼的色彩，轻巧的款式显得空间通透而不逼仄。墙面的装饰画恰到好处地形成对景，白底黑框在米灰色的墙面上显得尤为突出，与换鞋凳的黑色框架相呼应，从而使画面的色彩平衡。

TIPS ▶ 门厅过道的家具选择轻盈小巧的款型，避免阻碍动线而使空间变得拥堵。完全对称分布的空间不仅家具选用对称布局，墙面也以对称的手法进行装饰。

黑色玄关柜

黑色的玄关柜在灰白的空间里显得稳重而引人注目，弥补了因过道墙面色彩上重下轻而产生的压抑感。墙面的马赛克拼图有着后现代的时尚与锐利，黑白灰的基础色加重了这种冷峻的感觉，而黄色迎春花与蓝色装饰瓶之间产生的色彩对比显得活跃而机警，从而调和了清冷的气氛，让空间瞬间变得时尚活泼起来。玄关柜上摆放的饰品形成三角构图，给人稳定的感觉。

TIPS ▶ 黑色玄关柜的选用有效地平衡了墙面的轻重感，黄色和蓝色的对比给冷峻的空间带来了活跃的气氛，装饰挂镜因为对景的塑造表现得镜中有景，折射的黄色装饰画与迎春花虚实呼应，从而丰富了墙面的色彩与内容。

黑白对比

　　黑与白是最基本的色彩元素，是一切的开端，它们相互对应，都以对方的存在来显示其自身的力量。看似简练、干净的过道一隅实际上存在着极强的力量感。黑乌木的深沉和灰白的肌理墙面形成极强的反差，自然舒展的花枝占据了大部分画面，看似纤细却渗透着强大的张力，而小巧玲珑的白色陶瓷器皿置于案几一端，安静而含蓄，与花枝之间形成极强的差异感。正是通过这些感官的矛盾，让看似简单的场景变得暗流涌动。

TIPS ▶ 通过色彩、器形以及体量等对比形成的极大差异感，寥寥几笔即创造出强大的力量感和画面感。

色彩明暗过渡

过道天花的棕咖色木面与地面的深浅卡其色石材之间形成了鲜明的轻重差。而软装对端景的塑造调和这一头重脚轻的失衡感，让色彩从深棕色的天花木面到金棕色的墙面装饰画再到古铜色的玄关台然后到卡其色地面，顺理成章形成了一个递减的过渡。鹿角造型的壁灯为空间增添了几分张扬的野性，与铁艺吊灯和做旧的玄关台相互映衬，赋予空间独特的性格特征。

TIPS ▶ 通过软装主体色彩明暗的过渡，降低了天花与地面之间的色彩差异，从而使空间色彩的衔接自然流畅。

原木换鞋凳与挂钩呈现乡村质朴的氛围

玄关过道摆设换鞋凳

换鞋凳的尺寸高度应以人的舒适性为标准来选购或定制，它的长度和宽度相对来说没有太多的限制，可以随意一些。有些人选择较短的凳子是因为玄关空间有限，太长会影响到室内的美观，给人以狭窄之感。有些人选择较长的凳子是希望更好地利用凳子内部收纳鞋子的空间。

带有扶手的换鞋凳方便家中老人的出入

粗犷质感的长凳呼应乡村风格的特点

卡座式的换鞋凳具有强大储物功能

均衡式布局

采用均衡布局的方式，在过厅左右两侧设置不同的家具及装饰品，但从形式上达成左右均衡的错视感，改变了对称布局方式带来的刻板。右侧白色的沙发有效地提高了暗沉的色彩亮度，左侧艳丽的装饰画活跃了沉闷的气氛。与相邻的空间又形成了色彩的呼应，使得过厅空间从真正意义上起到了承启的作用。

TIPS ▶ 均衡的布置手法较之对称布置手法更为生动，一边调和明暗，一边调和彩度，布置各不相同，但从形式上使视觉产生平衡的错视感。

◎ 中式风格餐厅软装家具搭配

◎ 乡村风格餐厅软装家具搭配

◎ 简约风格餐厅软装家具搭配

◎ 欧式风格餐厅软装家具搭配

餐厅软装家具
搭配场景

餐厅家具主要是桌椅和酒柜等，一些家庭中也常常设有酒吧台，以满足高品质生活需求。餐厅家具的摆放在设计之初就要考虑到位。餐桌的大小和餐椅的尺寸、数量等也要事先确定好。餐桌与餐厅的空间比例一定要适中，要注意留出人员走动的空间，距离视具体情况而定，一般控制在 70cm 左右。

优雅新古典

　　深棕与深灰蓝的配色收敛了浅色环境的轻薄感，加上地毯和椅背丰富的花卉纹样，让视觉重点凝聚在画面中心。圆桌及圆形的地毯与天花造型和谐呼应，有着圆满的寓意。S形弯腿的餐椅曲线流畅加上细致的描金，展现着新古典式的优雅和高贵。素净的窗纱给空间带来了飘逸和灵动的气质，餐桌上的插花色调柔和、造型饱满，让餐厅场景顿时变得亲切温暖。

TIPS ▶ 餐桌区域是餐厅空间的中心，不论从形式还是色彩都应重点打造，天花形状是餐桌形状选择的依据。

卡座代替餐椅是小户型餐厅的常用手法

餐厅软装家具搭配

> 餐厅家具主要是桌椅和酒柜等，一些家庭中也常常设有酒吧台，以满足高品质生活需求。餐厅家具的摆放在设计之初就要考虑到位。餐桌的大小和餐椅的尺寸、数量等也要事先确定好。餐桌与餐厅的空间比例一定要适中，要注意留出人员走动的动线空间，距离视具体情况而定，一般控制在 70cm 左右。
>
> 小户型中，尤其是客餐厅是开放的空间中，不适合采用太过于复杂的家具，以功能性为主，其次应参考它所占的空间比例，要恰到好处。

围合式卡座餐厅具有强大的收纳功能

利用墙面转角布置沙发节省空间

大面积餐厅适合摆设十人用餐的长方形餐桌

利用餐厅角落布置一个小型休闲区

藤制品家具

在美式风格中，餐厅会更加注重温馨和生活化的氛围。果绿色的墙面使餐厅非常有活力，餐椅的搭配除了选择有复古风格的木质高背椅以外，还搭配了藤编座椅。木制品和藤制品的结合使得餐桌和墙面一样生动起来，通过强调手工感来凸显生活品质感，仿佛可以看到一家人的悠闲周末。

复古风情

　　托斯卡纳风格的餐厅，有着它庄重而又古朴的独特气质，年代感和故事感都是其魅力所在。餐椅沿袭了哥特式建筑的庄重与仪式感，又保留了古朴的自然风貌。做旧处理的木纹与岩石泥灰的墙面增添了复古的风情，餐桌区域依然是餐厅的重点，一盆造型整齐大气的花艺采用色调的对比手法将视线集中在此处，从而让空间主次分明。

TIPS ▶ 花艺可以很好地营造餐饮氛围，即使在古朴的托斯卡纳风格餐厅里也不例外，色调和谐、造型得体的餐桌花艺能让人瞬间产生亲和感和温度感。

简约随性

　　四色伊姆斯椅成功地俘获了眼球，由苔藓绿、鹧鸪色和岩石灰组成的暗色调有了橙红色的点缀，创造了极为出色的视觉效果。窗帘采用了毫不修饰的直形罗马帘，餐桌饰品摒弃了繁复的装饰，一束郁金香和几个柠檬果在呼应了餐椅色彩的同时又展现了北欧风格的简约随性的特点。

TIPS ▶ 色彩变化的同时寻求款式的统一，让空间显得丰富多变而又不会杂乱无序。

餐厅搭配餐边柜

> 餐边柜的大小往往受制于所处的位置，所以买餐边柜之前首先要了解餐边柜的摆放位置和大小。如果餐桌边的位置宽大，则可以买大一些的，也可以买几个小的餐边柜组合放在一起。如果位置小，则只能买小一些的，特别是柜深不能太大，否则就会显得拥挤。

餐边柜中的镜面起到放大空间的作用

餐边柜与吧台合为一体

餐边柜兼具展示饰品的作用

斑驳的餐边柜给空间带来复古情怀

餐边柜的色彩要与餐厅其他软装相协调

无彩色搭配

　　用无彩色搭配餐厅空间最为冒险，黑白灰的调子始终缺乏餐厅所需的温度感。而本案巧妙地从饰品的材质上不着痕迹地弥补了这一缺陷，桌上藤条编织的花器配合自然生长的植物，粗陶的果盘里盛满新鲜的果子，还有椅子上藤编的坐垫等，这些天然的材质给毫无温度的色彩空间带来了生机和情感。

TIPS ▶ 　自然生态的饰品能赋予空间生命力和情感。在餐厅角落放置弧形角柜能使空间变得柔和流畅，又为小空间增加了储物和展示功能。

转角摆设沙发

　　利用户型的特点，在角落处设置一座转角沙发，丰富了餐桌的组合形式，又为小面积的餐厅节约了空间，更为空间添了几分浪漫的味道。沙发的胭脂粉和餐桌椅的鸽子灰的配色有着一股精致的恬静。铁艺吊灯、花卉主题油画、原木墙饰和经典的格子布让田园风格的特征更加鲜明。

TIPS ▶ 在小户型中利用餐厅一角摆放家具，既有效地节约了空间，沙发与单椅的组合又让空间富有趣味性。

青花瓷文化

　　以靛蓝色为色彩基调的餐厅空间，既有海洋和天空一般的广阔，又弥漫着青花瓷一般的文化气息。餐椅简洁的蓝白条纹与窗帘的晕染格纹从疏密、轻重上都保持着差异的距离感，而又通过同类的色彩进行统一，和谐而不单调。餐桌插花采用深浅蓝色绣球的韵律与主色调呼应，使之成为画面的重点。麻编地毯、珊瑚饰品等暗示着海洋风格的休闲与清爽。

TIPS ▶　色彩类同、纹样差异化能很好地塑造空间的层次感和丰富性。同一色彩通过纯度的渐变来创造色彩的韵律感，使之富于变化而不显单调。

适合四五人就餐的小圆桌

餐厅搭配圆桌

圆桌的面积比较大，相对没有方桌好用，一般圆桌适合客厅和餐厅分开且餐厅面积比较大的户型。但圆桌的优势也在这点，因为它的面积比较大，如果家里人比较多，比较适合一家人围桌吃饭，而且圆桌一般是有转盘的，比较方便。

一般公寓房的餐厅宽度是 2.7m，可以购买直径 1.2m 左右的圆桌；如果宽度在 3m 的餐厅，可以考虑直径 1.35m 的圆桌。

水洗白圆桌与艺术造型吊灯相映成趣

圆桌在中式文化中具有美好的寓意

圆桌通常与圆形吊顶相呼应

造型简约的小方桌是北欧风格餐厅的首选

餐厅搭配方桌

方桌适合相对较小的户型，比较省空间，也比较好用，如果家里只有两三个人，方桌是一个比较不错的选择。但如果家里人多，需要使用比较大的方桌，就会造成一定的不便。餐厅的方桌一般为76cm×76cm的方形和107cm×76cm的长方形，这是常用的餐桌尺寸。

小方桌一侧靠墙节省空间

原木餐桌与木质吊顶体现乡村风格的特点

利用餐椅的色彩搭配缓和深木色餐桌的厚重感

大型方桌适合就餐人数较多的家庭

差异化混搭

高光烤漆的新古典圆餐桌、改良版的中式官帽椅、有着美式椅背元素的时尚单椅以及带着青瓷鼓凳韵味的坐凳共同组成了餐厅家具。这种材质多样化、款型多元化的配搭，迎合了新装饰主义不拘泥于某种风格与形式的特点。再加上波普风的装饰画和灯箱，让整个空间看起来时尚、个性、有趣。

TIPS ▶ 利用风格、款型、材质的差异化来混搭另类的餐厅空间，使得空间引人注目而又极富现代艺术气息。

艺术空间

以曙光银、冰川灰、深棕色以及赭黄色构成的一组时尚冷静的配色展开。表达了简洁、大气、高格调以及富含艺术气息的空间诉求。造型极为简洁的餐桌加上椅背镂空的餐椅，使餐厅看起来更为开阔，隔断门采用了抽象的晕染水墨画，空气感十足，与地面的山纹大理石形成内在的呼应关系，也为空间带来浓郁的艺术气息。

餐桌上的黄色花艺和香蜡起到了非常关键的色彩顺承作用，让整个餐厅看起来冷静而不冷清。

罗曼蒂克色调

罗曼蒂克的淡浊色调展现了法式的浪漫与优雅。纤细的花鸟壁纸、雕饰精细的金色挂镜、精致的水晶吊灯、线条流畅的镂花餐椅以及色彩柔和的条纹面料，无不展现着洛可可式的优雅与精致。

TIPS ▶ 柔和的色彩，精细的雕饰、纤细的纹样流露着女性的婉约和柔美，是清新浪漫的，也是高贵优雅的。

禅意空间

　　大地色系的餐厅配色给人带来安静祥和的气息，大量木质家具的运用加上墙面的原木饰面有着一股森林与泥土的味道，边柜上森林题材的装饰画正呼应了这一内在寓意。家具款型简洁朴实，餐桌氛围饰品简洁利落，一盘绿色的释迦果给空间带来些许禅意的灵性。

TIPS ▶ 　用大地色系来搭配餐厅氛围，没有橙色系的欢快也没有蓝色系的静谧，但一定是最安心最沉静的就餐环境。

原木家具

　　白色的肌理墙和灰色的仿古地砖赋予空间的性格是朴实、休闲的，而大体量的原木家具的加入让这一性格更加突出。酒柜上随意地摆放着餐具，角落处摆放着葱郁的绿植，餐桌上盛开的大丽花，描绘着一幅在阳光下、花影中进餐的愉悦画面。

TIPS ▶ 原木、棉麻、粗陶以及自然生长的植物花卉能给人带来轻快喜悦的心情，利用这些元素打造餐厅空间，能让进餐氛围轻松愉悦。

◎中式风格卧室软装家具搭配

◎乡村风格卧室软装家具搭配

◎简约风格卧室软装家具搭配

◎欧式风格卧室软装家具搭配

卧室软装家具
搭配场景

卧室的软装家具要以低、矮、平、直为主，摆设时大多取决于房间门与窗的位置，以体现温馨舒适的整体气氛，形成通顺流畅的动线为原则。具体以站在门外，不能直视到床上的布置为佳。窗户与床呈平行方向较适合，衣柜大多布置在床的侧边，梳妆台的摆放没有固定模式，可与床头柜并行摆放，也可与床体呈平行方向布置。

高贵新中式

浅灰蓝作为卧室的主导色彩带柔和的视觉效果，金色及香槟色的运用又给空间增添了几分优雅与高贵。

床屏铆钉制作的回形纹以及床头柜上金属镶嵌的回形纹让新中式的风格得以凸显。贝壳镶嵌的装饰柜、精工刺绣的窗帘花边以及丝质床品的精湛绗缝工艺等无不彰显着细节的精致和高调的品质。

以现代的工艺和材质以及简化了的中式符号来诠释新中式时尚与传统相结合的魅力，符合了现代人的审美观念。

铁艺床常用于乡村风格卧室

卧室搭配家具

> 卧室家具中一般有床、衣柜、梳妆台、电视柜和床头柜，大一点的卧室还可以放置床尾凳、在床边的窗户下放置休闲的贵妃椅或者茶几和两张小圈椅。这些卧室家具最好风格统一，别胡乱混搭。
>
> 卧室在摆放家具之前先要考虑到房间和床的尺寸。一般平层公寓的卧室宽度在 3300~3600mm，正常床的长度为 2050~2350mm，电视柜的宽度为 450~650mm，还要预留出 700mm 以上的距离做过道，所以卧室如果不是很宽的话，最好也不要摆放床榻。

描花家具成为卧室装饰的一部分

卧室中布置书桌椅

欧式卧室中往往会布置床尾凳

面积较大的卧室中可以布置一个休闲区

紫色诱惑

　　紫色在色彩能量中属于最高贵的色彩，佩斯利紫明艳、美丽而神秘，更有其他色彩无法企及的华丽和性感，用其作卧室的主色调，显得时尚而充满诱惑。采用亮白色作为提亮色，显得更为纯净和高雅。家具选用了后现代式的低奢格调，简洁中透露着高品质的追求。

　　在紫色的背景下，亮白色的运用非常关键，白色的皮革床屏和簇绒地毯、大篇幅的白色装饰画都非常好地调和了大面积紫色产生的疲惫感。

深浅色对比

　　轮廓流畅的雪橇床显得稳重而务实，所有家具都不加雕饰，只是运用有影桃花芯木丰富的纹理变化来体现家具的质感。在沙色与金棕色形成的暖色调子里因为深蓝色的加入而显得层次分明。整个空间的饰品氛围简洁明朗，毫无矫饰，在表达稳重务实的同时又不失现代感。

TIPS ▶ 冷暖对比与深浅对比的运用，使原本厚重的空间显得更为简洁明朗，现代感十足。

放置单人椅

本案例卧室较宽敞，因此在床尾放置了单人休闲椅，丰富了卧室空间家具的层次，同时单人椅既可以供休闲阅读使用，也可以充当角落占位的作用，不会使过大的角落显得空旷。

TIPS ▶ 在卧室空间的角落面积较大较空旷的时候，可以考虑放置单人椅或者贵妃榻的方式，既能使用，又可以填充空旷的视界。

卧室搭配衣柜

> 房间的长大于宽的时候，在床边的位置摆放衣柜是最常见的方法。在摆放的时候，衣柜最好离床边的距离大于 1m，这样可以方便日常的走动。房间的宽大于长的时候，可以考虑把衣柜的位置放在床的对面，保证柜门与床尾之间的距离在 800mm 左右即可。

把衣柜设计在床的一侧是常见选择

进深不够的卧室可以把衣柜设计在床尾

卧室衣柜设计在床头上方

中式衣柜成为卧室装饰的一部分

卧室衣柜中的镜面具有引景入室的作用

艳丽空间

　　紫罗兰色及覆盆子色的浓艳娇媚是此空间的重头戏，艳丽的床品犹如一件绚丽的纱丽，散发着风情万种的魅力。古典的架子床雕饰细腻，纹样精美，床尾摆放的衣箱纹饰突出，加上床头背景和天花造型上大量金箔的运用，展现出一幅富丽、妩媚而又神秘的异域风情画面。

TIPS ▶ 紫红、紫罗兰、蓝紫等一系列类似色的搭配能给人以妩媚而又神秘的感受。结合金箔及古典的纹饰，让空间展现一种异域的魅惑。

巧用床尾凳

在空间较大的别墅卧室中，可以采用床尾凳来搭配整体的空间效果。

首先，床尾凳具有较强的装饰性，可以作为主体基调的一种拓展；其次，床尾凳可以防止睡觉时被子滑落，同时也可以放置衣物，方便使用者起床时更换；最后，作为有些体量感的单件，也可以用作填充空间，使得饱满度更强。

清新纯净

　　在卧室中，淡淡的水蓝色与纯净的亮白色勾勒出清新纯粹的感觉，有着婴儿般的纯洁和天空般的纯净。素净的床品通过细腻的纹样表达着她的精致和优雅，轻扬的窗纱恰到好处地迎合着空间氛围，犹如夏日午后的习习凉风，给人温婉闲适的感觉。

TIPS ▶ 在水蓝色与白色营造的清新调子里，床品、窗帘等卧室布艺选择轻柔的材质能为空间增加浪漫飘逸的感觉。

现代空间

驼色是最具包容的色彩，调和了黑白两色给卧室带来的冷峻感。低矮的床屏让人感觉现代感十足，整齐服帖的床品以及不加修饰的窗帘给棱角分明的卧室增添了几分亲和力。一张点状豹纹的地毯、一个斑马条纹的抱枕，为空间融入了时尚的气息。床头缥缈的山水画透着几分空灵，又带着些许现代的禅意韵味。

TIPS ▶ 在现代简约的卧室里，采用低矮的家具结合下置的挂画方式，能让空间产生高耸的视觉感受。

宫廷式气质

　　坡顶卧室高挑宽阔，一张气势磅礴的皇后床迎合了这一户型特点，樱桃木的厚重感与屋顶的木面上下呼应，使空间看来均衡沉稳。贵族蓝与香槟金的搭配冷艳高贵，赋予了空间以宫廷式的奢华气质。纹样细腻的羊毛地毯古典而雅致，书写着不俗的品位和格调。

TIPS ▶ 皇后床具有高耸的气势感和威严的仪式感，用在层高较高的卧室空间能形成和谐的体量比例，创造奢华的气场。

随意的沙发布置呼应度假风格

卧室搭配沙发

> 卧室中的沙发供日常起居与会客之用,单人沙发一般都成对使用,中间放置一小茶几摆放烟具、茶杯。双人或三人沙发前要放一个长方形茶几。沙发应摆放在近窗或照明灯具下面的位置,这样可以从沙发的位置观看整个房间,但也要特别注意卧室布置的角度,尽可能不使家具的侧面或床沿对着沙发。

卧室沙发搭配圆形茶几体现休闲气质

布艺沙发与金色茶几形成材质上的对比

沙发与卡座结合的布置形式

卧室沙发同时还兼具床尾凳的作用

乡村情景

　　藤编的床屏、做旧的床头柜、防腐木制作的衣箱，以及整幅墙的麻料窗帘、麻编的地毯等，都在默默地描绘着一幅朴实宁静的乡村情景。代尔夫蓝一改往日的宁静与深邃，在朴实无华的环境中脱颖而出，让床品和装饰画成为视觉的中心点形成整个空间的基调。

TIPS ▶ 在材质属性类同的场景里，色彩的跳脱能给空间带来不一样的瞩目感。

经典格纹

经典的格纹壁纸和地毯赋予卧室一种英伦格调的绅士和典雅风格。选用品质感极强的皮革拉扣床，配合暗橄榄绿与黑白棋盘格搭配的床品，更显得时尚雅致。金属包框的皮箱替代了床头柜，还有墙面采用唱片制作的实物画及饰品等展现出来的年代感和复古风让空间变得风格突出、性格鲜明。

TIPS ▶ 格纹是塑造英伦风格的重要元素，大量格纹的应用，结合低调沉稳的色调，以及高品质感的材质，让空间呈现出一种绅士般的贵族情怀。

地毯色彩点睛

　　体量宽厚的美式家具给卧室带来大气沉稳的同时也增加了不少沉闷感，而浅松石蓝与凯莉绿的加入，使原本沉闷的卧室看起来生机盎然。一张颜色靓丽、花色新颖的地毯给空间带来了转折性的突破。床尾凳的凯莉绿承接床品抱枕与地毯的色彩结构线过渡，让靓丽的色调很顺畅地融入暗沉的色调中。

TIPS ▶ 　美式家具以色调沉、体量大著称，利用色彩亮丽的织物来调和这一特征，能使卧室氛围显得更为亲近有活力。

卧室床头柜搭配

" 床头柜应与床保持一致的高度或略高于床,距离宜在 10cm 以内。如果床头柜放的东西不多,可以选择带单层抽屉的床头柜,不会占用多少空间。如果需要放很多东西,则可以选择带有多个陈列格架的床头柜,陈列格架可以陈列饰品,同样也可以收纳书籍等其他物品,可以根据需要再去调整。"

圆形床头柜富有装饰感

做旧工艺的双开门床头柜具有复古怀旧的气质

搁板造型的极简床头柜适合追求个性的业主

利用空间特点选择弧面收纳柜作为床头柜

细脚床头柜具有简洁时尚的特征

复古怀旧

　　床头背景的木饰古朴而又自然。选用实木家具和藤编家具与背景之间形成了内在的呼应，加上手工缝制的粗麻布沙发凳、皮毛床品搭毯、麻编地毯等，显得卧室自由奔放，不拘小节。背景的装饰挂毯纹样有着一种符号的神秘感，为卧室氛围又增添了几分远古的年代感。

TIPS ▶ 包容性极强的大地色系用在卧室里显得安稳自在，做旧做粗的材质很好地表达了粗犷、奔放、自由的性格。

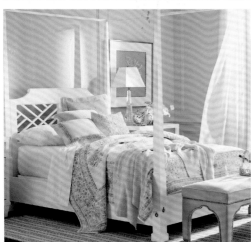

儿童房软装家具
搭配场景

◎男孩房软装家具搭配场景

◎女孩房软装家具搭配场景

一般儿童房家具有儿童床、儿童床头柜、儿童衣柜、转角书桌、转椅、儿童凳等，有些还会在儿童房中加入一些娱乐设施，增添活力。设计巧妙的儿童房，应该考虑到孩子们可随时重新调整摆设，空间属性应是多功能且具多面性的。家具不妨选择易移动性、组合性高的，方便重新调整空间，家具的颜色图案或小摆设的变化，则有助于丰富孩子想象力。

色彩对比

　　深蓝色加红色是美国国旗的颜色，而美国又塑造了无数的荧幕超级英雄，这两种颜色的搭配产生强烈的对比，给予男孩勇敢坚韧的心理暗示。每个男孩都有一个英雄梦，红蓝相间的床品犹如超人的战衣，五角星抱枕又如美国队长的盾牌，再加上绘有美国国旗的床头柜，为勇敢的孩子创造一个英雄的世界。

TIPS ▶ 强烈的色彩对比给孩子带来坚韧、勇敢的心理暗示，各类符号的运用恰到好处地加强了这一作用。

松木材质的高低床

儿童房睡床搭配

儿童床要布置得柔软舒适，尽量选择一些没有或少有尖锐棱角的家具，以防儿童磕伤碰伤。儿童床可选择比较新奇个性的卡通造型，能引起儿童的兴趣。一些松木材质的高低床同时具备睡眠、玩耍、储藏的功能，适合孩子各阶段成长的需要，是一个不错的选择。

相比大人的房间，儿童房需要具备的功能更多，需要有储物空间、学习空间以及活动玩耍的空间，所以需要通过设计使儿童房空间变得更大。可以把床靠墙摆放，使得原本床边的两个过道并在一起，变成一个很大的活动空间，而且床靠边对儿童来讲也比较安全。

睡床靠墙摆放节省空间

卡通造型的睡床

带有娱乐设施的睡床

两张睡床并排摆放

童话场景

男孩子的世界是神秘的，充满蓝天、白云，还有一片绿色的森林，森林里的小动物们在尽情地嬉戏。在有限的房间里为孩子打造一个童话世界，墙绘是很好的装饰手法。一艘载着梦想的小船，一组可以学习也可以游戏的小木桩，象形的概念家具结合森林绿的色调，最大化地还原童话场景，让孩子在自己的静谧森林里快乐成长。

TIPS ▶ 采用墙绘装点儿童房，能在有限的空间里最大化还原童话场景，象形家具既实用又能更贴切地凸显主题。

朝气与活力

色彩丰富、纹样简练，不需过多的装饰，让少年的房间简洁明朗而又洋溢着青春的朝气。

朗朗少年的房间不再被儿时的童话故事所笼罩，简洁明朗的氛围充满着朝气与活力。家具选型简单明了，大面积的绿色给人以积极奋进的心理暗示，黄色的点缀让空间活力盎然。条纹地毯、菱格窗帘以及其他几何图形的床品抱枕等初见男性风格的特征，体现了少年时期的性格爱好和思维方式。

情景化元素

男孩房在追求简洁明快的同时，通过充满童趣的饰品表达孩子的喜好和性格。

男童房在造型和色调上都力求简单的同时，又融入许多情景化的元素，比如滑板、公仔、足球等，以增加儿童房的趣味性和表达男孩子的性格爱好。一张蓝色水波纹的地毯让空间动感十足，又与主要色调形成整体的呼应。

航海家主题

采用了大量的实物装饰儿童房，让空间的个性更为突出，主题更为鲜明。

小小航海家的房间是充满冒险精神的，蓝色的天空与大海，白色的沙滩和灰色的礁石。帆船、罗盘、锚、舵、救生圈等实物装饰让房间显得更为生动，主题鲜明。红色与蓝色之间产生的强烈对比，让小主人勇敢振奋，一个航海梦就此扬帆起航。

低彩度空间

　　低彩度儿童房摒弃了传统高彩度儿童的稚气，淡淡的灰色墙面带有一夕粉色，在白色家具的衬托下更显优雅。

　　白色印花窗帘与空间颜色相协调，淡淡的浅灰色作为空间的背景色，穿插淡粉色布艺饰品的点缀，为空间增加了一些柔和与娇俏，当阳光的温度播撒在房间中，整个空间散逸着幸福与烂漫的味道。墙面上不同尺寸但精心设计的装饰画、憨态可掬的毛绒玩具等都体现女孩的温婉可人。

粉色梦幻

　　每个女孩都有一个公主梦，梦里有粉色的马车、金色的皇冠，还有一根能瞬间变出 Kitty 和 Mickey 的魔法棒。粉色的大量使用使得这个公主梦得以呈现，而灰色的加入规避了单纯粉色带来的滥俗。纤细柔美的法式家具天生带着少女般柔美的气质，轻柔的床幔如同公主的华盖般高贵优雅，窗帘层叠的荷叶边与床品丰富的皱褶给人一种温软的甜美。整个氛围梦幻、柔美、高雅。

TIPS ▶ 粉色是打造梦幻女孩房的利器，而单一的粉色会给人以俗套的感觉，灰色的加入打破了这种氛围，让整个色彩氛围瞬间高雅起来。

机车主题

  "黑+白+红"的色彩搭配营造出动感十足的空间氛围，车标替代了装饰画丰富了墙面，各类汽车元素的装点让儿童房主题突出，性格鲜明。

  机车主题的儿童房充分展现了孩子好动的性格以及对汽车的喜好。黑白条纹壁纸和黑白格纹壁纸都能让人产生强烈的韵律感，再加上红色在空间的强调，整个氛围动感十足。跑车床、轮胎、车标等不论从实用上还是装饰上都各司其职，把主题烘托得鲜明突出。一张赛车主题的地毯更是为主题增添了绚丽的一笔。

儿童房小桌凳搭配

粉色小桌凳满足公主房的梦想

儿童房小桌凳首选环保材质

"

儿童房的家具有很多象征性的款式，在进行布置时，可以采用先选择主体家具的方式，确定好空间的主题后，再选择其他的软装饰品，就可以创造出一个特色的儿童空间。

如果儿童房空间比较大，可以布置一些造型可爱、颜色鲜艳、材质环保的小桌子、小凳子放在儿童房中。儿童平时在房间中画画、拼图、捏橡皮泥或者邀请其他小朋友来玩时，就可以用到它们了。

"

重视收纳

　　儿童房空间中采用大量储物柜去完成各种功能的设置，同时将展示柜和儿童床联合而成的结构也产生了很好的围合感，省去了过道的面积，从而增加了收纳的空间。

> **TIPS ▶** 儿童房中采用系统柜的思路可以大大增加空间的收纳量，而且系统柜有多种多样的组合方式，也可以随时变动，这些变动可以在今后一段时间满足儿童年龄变化带来的新的规划需求。

书房软装家具
搭配场景

◎ 中式风格书房软装家具搭配

◎ 乡村风格书房软装家具搭配

◎ 简约风格书房软装家具搭配

◎ 欧式风格书房软装家具搭配

书房的家具除书柜、书桌、椅子外，兼会客用的书房还可配沙发与茶几。书房家具在摆设上可以因地制宜，灵活多变。书桌的摆放位置与窗户位置很有关系，一要考虑灯光的角度，二要考虑避免电脑屏幕的眩光。面积比较大的书房中通常会把书桌居中放置，显得大方得体。在一些小户型的书房中，将书桌设计在靠墙的位置是比较节省空间的，实用性也更强。

挑高书房空间

　　高大而开敞的空间是 LOFT 的体现，宽敞高大的落地窗为室内增加更多的光线。

　　以简约现代的设计为主题，白色大理石搭配黑色铁艺框架的书桌赋予整个书房无限的魅力。深色条纹装饰墙面更加增加了视觉高度，也为室内强烈的光线减压，黄色的边柜以及黄色二层几何形窗边为空间增添活力，也是设计的点睛之笔。

大面积书房适合把书桌居中摆放

书桌下方做抽屉应计算好尺寸

书房**书桌**搭配

> 书桌摆放位置一般都选在窗前或窗户右侧，以保证充足的光线，同时可以避免在桌面上留下阴影，影响阅读或工作。面积比较大的书房通常会把书桌居中放置，小户型的书房将书桌设计在靠墙的位置比较节省空间。
>
> 有些书桌需要根据现场尺寸来定做，那么定做的家具需要特别注意人体工程学的尺寸。比如书桌下面做抽屉的话，需要计算好做好抽屉底部离地面的距离，距离太近的话后期使用的时候可能会影响使用者的舒适度，一般尺寸需要大于 55cm。

书桌靠墙摆放节省空间

兼具装饰与储物功能的书桌

原始粗犷

在一个乡村风格的环境里粗犷但不失精致，角落里的美式休闲椅看上去悠闲而舒适。

石材壁炉搭配不加刻意修饰的土黄色墙面，突出原始的韵味。宽大舒适的休闲椅搭配铁艺休闲桌，朴实厚重。穿过顶面的实木假梁增加乡村的味道，鹿头的装饰挂件为空间增加一丝野性。唯一体现现代元素的抛光石材地面加入了黑色方块，与整个空间相融合，相得益彰。

素雅安静

　　视觉的焦点聚在斑马纹毛皮地毯上，舒适的布艺椅子搭配实木书桌显得舒适而安静。

　　不锈钢与实木的结合设计，黑色斑马纹地毯与黑色的落地灯灯架形成色彩的呼应，舒适的麻布书椅与亚麻窗帘形成材质的统一，角落的千鸟格沙发凳和木制书桌面为空间增加了一丝暖意，粉色花艺点亮了素雅安静的空间。

自然元素

　　工业风设计深受现代年轻人的喜爱，铁艺的书桌架以及书架，不加修饰的书桌面板，藤编的储物箱都是工业风设计元素。

　　此书房充满了各种自然元素，铁艺的家具，不加修饰的木饰面体现了冷峻、硬朗的个性。蓝色布艺椅子与浅蓝色墙面相呼应成为整个空间的背景色，使人冷静舒适。背后的巨大黑板既是装饰也是工作的工具，黑板上面书写的英文强调了生活情景的带入感。星形玻璃吊灯工艺风十足，也格外吸引眼球。

如沐春风

　　黄、绿、蓝组成的一组邻近色的对照使得书房氛围如沐春风，散发着年轻的活力。

　　大面积的绿洲色可以缓解视觉的疲劳，而湖水蓝和芥末黄的加入，令人精神振奋。简洁的书房家具给人轻松的愉悦感，休闲沙发的布艺与窗帘布艺遥相呼应，纹样和色彩的统一让空间有一种安静的平衡。

淳朴乡村元素

原木做旧的书桌有着时间侵蚀的沧桑感，窗帘与壁纸的乡村场景图案增添了淳朴的乡村元素。

不加雕饰的乡村元素，质朴的乡村场景图案以及自然的材质等共同构筑一个休闲自在的书房场景。如此场景是轻松、自然、愉悦的。桌面的饰品选型顺应了总体的格调，每一个物件都在描绘着主人的工作情景，极富生活情趣。

书房书柜搭配

抽屉式与开放式相结合的书柜布置

古色古香的单体式书柜平行排列

> 在书房中，书柜摆放方式最为灵活，可以和书桌平行布置，也可以垂直摆放，但应遵循一个原则：靠近书桌，便于存取书籍、资料。如果摆放木质书柜，尽量避免紧贴墙面或阳光直射，以免出现褪色或干裂的现象，缩短使用寿命。

书柜与书桌一体式设计

利用一墙面制作大型书柜

书柜中增加光源方便查阅图书

建筑元素融入

　　建筑元素的设计带入了另一个空间维度，纤细的线条家具与大幅几何建筑的装饰画完美呼应。

　　书桌的款式别出心裁，四条桌腿如同四座摩天铁塔，与几何建筑题材的装饰画形成意境与实物的内在统一。造型独特的书椅彰显时尚与个性，橄榄绿与群青蓝之间形成的色彩对照让空间显得更为时尚。

豹纹书椅

　　一个充满爱的书房，LOVE 题材的四幅装饰画，心形的装饰写字板以及豹纹的椅子充满了摩登女性的魅惑力量。

　　豹纹书椅在书房中显得极为抢眼，她展现出来的性感与时髦赋予了空间鲜明的女性特征。桌面上亮丽的紫罗兰花艺，墙面上爱的标语，以及心形的写字板等元素一同注入清浅的冰川灰空间，使得整个空间充满了浪漫与甜蜜的气息，同时斑马纹地毯和豹纹书椅又增添了些许野性与不羁。

◎中式风格休闲区软装家具搭配

乡村风格休闲区软装家具搭配

简约风格休闲区软装家具搭配

◎欧式风格休闲区软装家具搭配

休闲区软装家具
搭配场景

在一些大户型空间中往往会利用地下室或者分隔出的一部分公共空间作为休闲区，功能上可规划成视听室、台球室、会客室、和室、酒吧区等，这些区域进行软装家具搭配时要注意有整体感、均衡感和舒适感，避免因家具过于集中在室内的某一部位而显得疏密不匀。要适应建筑格局，因地制宜，稳妥地把家具放在适当的部位。这样既可充分利用面积，又可弥补房屋建筑方面的某些缺陷。

半围合形式

　　半围合的沙发给人以圆润的感觉，结合清新亮丽的配色以及唯美的花卉图案的运用，让空间表达出一种柔美浪漫的女性格调。

　　利用户型的特点，将休闲区布置成半围合的形式，既和户型保持造型一致又让休闲区有了清晰的划分，多边形的地毯也是顺应了这一区域划分。茶几的玫瑰花彩绘与地毯的玫瑰花纹样呼应，让物体之间产生内在的联系。湖蓝色和珊瑚色的搭配，给人以温馨浪漫的感觉，整个空间透露着轻松柔曼的女性气质，在这样的氛围里，和三两闺蜜沏上一壶花茶，温馨畅快的气氛应景而生。

原木桌与红白搭配的休闲椅成为阳台一道风景线

阳台休闲区家具搭配

> 阳台家具在造型上宜选择小巧玲珑的类型，以折叠家具为佳，使用起来更有弹性，避免阳台显得拥挤，阳台上放置小桌椅，可以当茶桌或小餐桌使用。从材质上来说，木质阳台家具是首选，但宜选用柚木这样油分含量较高的木材，最大程度地防止因膨胀或疏松而脆裂。

钢木结合的阳台家具

做旧工艺的休闲椅更能体现乡村风格的怀旧特点

工业复古风格的阳台家具

绅士气质

　　大面积的棕咖色护墙板和天花赋予了空间沉稳、大气的格调。米色菱格地毯的加入，让白与咖两色之间的对比顿时变得柔和起来，墙面白底黑框的装饰画采用了均衡的布局方式，庄重大气又不显单调，整个环境能让人安静理智而又不显沉闷，流露着一股绅士的高雅气质。

TIPS ▶ 台球室不适宜用喧哗的色彩和繁复的造型，"白＋米＋棕"的配色加上简洁的造型和利落的布置能让人注意力更集中。

年轻与活力

　　充满热情的黄色给休闲空间增添了活跃的气氛，而黑色的运用让空间上下层次分明，黑色与黄色搭配创造的运动感展现着年轻与活力。

　　亮丽的山杨黄在白色的环境里尤为引人注目，她带来的热情让原本单调的空间活力四射，一张圆形地毯有效地将款式各不相同的单沙发组合起来，清晰地将空间进行了形式上的划分，黑白相间的地毯使得浅色调的空间瞬间有了下沉感。家具的选型时尚，现代感十足，在角落摆放的艺术雕塑为空间增添了浓郁的现代艺术气息。

简洁现代

　　选择轻盈的休闲家具装点空间一角，让小的角落装饰性和实用性并存，款型的轻巧和材质的本真使得小的空间简洁通透，不显臃肿。

　　将楼梯一隅打造成小的休闲区，既盘活了户型角落又将空间的使用发挥到极致。一束清浅的阳光洒落在条纹的羊毛地毯上，藤编的休闲椅配上舒适的棉麻靠垫，背后是原木的条案，有着几分东方的情愫，而简洁的白底黑框装饰画又带着现代的气息。这一切都被带着西班牙风情的建筑空间包容着，显得简单而随性。

轻松闲适

简约中带着几分俏皮，恬静中又带着几分律动，自然的材质和亮丽的色彩让休闲区充满小资情调。

简洁的家具造型，棉麻质感的布艺，北欧风格特有的自然和简约有种轻松闲适的感觉。浅松石蓝与山杨黄的点缀又让人心情愉悦，再加上绿色植物带来的生命力，让整个休闲区氛围在闲适中又不乏俏皮，充分展现了年轻、富有活力的小资情调生活。

从容优雅

没有繁复的雕饰，也没有绚丽的色彩，体量宽厚的软体沙发坐感舒适，浅灰色调的淡雅和柔和使人心情放松。

美式软体沙发的宽厚和柔软在休闲空间里显得更为舒适，浅米色的羊毛地毯、烟灰色的布艺沙发、米驼色的壁纸交融在一起，形成极为雅致的格调，加上饰品和装饰画的些许淡青色，将休闲区的氛围打造得更为从容优雅，在这样的环境里一杯咖啡一本书都是最好的生活品位的流露。

休闲区吧台搭配

吧台有高有矮，客餐厅之间的吧台一般选择1100mm 左右的高度、600mm 左右的宽度、1500mm 左右的长度比较适中，可以根据不同的情况来调节尺寸。后期选择的吧台椅高度要根据吧台台面的高度来定。有些吧台椅的高度是固定的，不能升降的，那么在制作吧台的时候也要考虑到吧台的高度也要随之调整，一般吧台高度比椅子高出300mm 左右。

吧椅的高度决定了吧台休闲区的舒适度

吧台休闲区兼具临时阅读的功能

隐藏的暖光源给吧台带来温馨浪漫的气息

金色吧椅呼应新古典风格的吧台休闲区

工业复古风格的吧椅

别墅中的吧台融合了早餐台的功能

现代禅意

　　素白的沙发采用金属质感的抱枕装点，为禅意的空间带来现代的韵味。"白＋米＋咖"的色彩搭配过渡得自然流畅，使空间有种不惊不乍的安静和从容。

　　将现代禅意风格的冷静和雅致运用于休闲空间，使得空间氛围安静而从容。规整的布局方式让空间显得更为理智，白色的沙发和地毯有种纤尘不染的脱俗，原木家具展现着本真的纯净，一幅灰调的装饰画显得风骨盎然，白色兰花的清雅更是赋予了空间不俗的神韵。在这样雅致的休闲空间里，一盏茶、一炉香是好的消遣。

休闲区台球桌搭配

> 能在家中有个台球室是很多人的理想。要注意在设计台球室时，一定要保证有足够的空间，球桌四周最好留有 2m 的距离，这样弯身打球时球杆才不会戳到墙面。设计时要根据各家的情况，如果空间有限，可以选择相对小一些的美式九球桌。

乡村风格家居最适合在家中设计台球室

台球室可以与同处一个空间的卡座会客区形成互动

台球室通常布置在别墅地下室

台球桌与四周留出合适的距离

挑高的木质三角梁给台球室增加乡村自然的氛围

冬日暖阳

　　用暖色调来打造休闲区，犹如冬日的暖阳，让人温暖舒适。选用了支撑感好的高背沙发，能很好地放松肩颈，其边框又增加了人的包裹感和安全感。地毯的橙黄色格纹与墙面浅橙色上下呼应，形成暖意融融的色彩围合，深棕色豹纹抱枕的点缀让空间更富有层次感。

TIPS ▶ 暖色系能给人以家庭式的温暖感受，整体采用暖色调来营造，通过色彩的明暗关系来丰富空间层次，即使很小的休闲一角也是层次分明，富于变化的。

◎中式风格窗帘布艺搭配

◎乡村风格窗帘布艺搭配

◎简约风格窗帘布艺搭配

◎欧式风格窗帘布艺搭配

窗帘布艺
搭配场景

在软装设计中，窗帘起到画龙点睛的作用。窗帘作为整体家居的一部分，要与整个家居环境相搭配。所以应该首先明确家里的装修风格，不同的装修风格需要搭配不同的窗帘。其次，窗帘布艺必须考虑花型、色彩与家居的和谐搭配。窗帘花型的选择，先要了解不同工艺的花形特点，并且应与窗户与房间的大小、居住者年龄和室内风格相协调。

色彩类同 纹样差异

　　窗帘的面料囊括了软体家具的浅松石蓝、珊瑚红以及亮白色，如此一来，不管纹样如何，从色彩上和整体环境达到了一致 。然而窗帘的花形选择了四方连续纹样又跳脱于软体家具的均齐式纹样，使整个空间的布艺搭配显得丰富饱满富有设计感。

TIPS ▶ 窗帘面料选择与空间中其他软装个体（如壁纸、床品、家具面料等）的色彩相同或相近，而纹样差异化，既能突出空间丰富的层次感，又能保持相互映射的协调性。

金色与灰蓝色搭配的新古典风格窗帘

窗帘布艺搭配法则

窗帘在家居空间中占有较大的视觉感受面积，其本身带有的颜色、图案、造型等元素对空间效果具有很强的渲染性。因此，在挑选窗帘时，要特别注意三个元素对整体的影响，尽量采用与空间风格统一的式样，以免过于突兀后破坏空间效果。很多别墅、会所想营造奢华艳丽的感觉，而又不想选择价格较贵的绸缎、雪尼尔面料，可以考虑价格相对适中的植绒面料。植绒窗帘手感好，挡光度好，缺点是特别容易挂尘吸灰，洗后容易缩水，适合干洗，因此，不适合一般家庭使用。

植物花卉团的窗帘

客厅窗帘颜色与墙面相协调

黄色窗帘起到活跃空间气氛的作用

纹样类同

　　窗帘图案延续了壁纸的纹样，与壁纸俨然一体，很好地将窗帘融入空间氛围当中。平幔剪裁让花形得到舒展，避免了因打褶而造成的花形凌乱和臃肿，从花型中提取的明黄色在窗幔和帘体对开的位置进行镶边，让窗帘的轮廓感在密集的花形中清晰可见，并且与台灯、沙发纹样形成呼应的色彩关系。

TIPS ▶ 窗帘面料的纹样与空间中其他软装个体（如壁纸、床品、家具面料等）的纹样相同或相近，能使窗帘更好地融入整体环境中，营造和谐一体的同化感。

撞色搭配

蓝色加黄色的强烈对比，作为最经典的撞色系列，能为空间带来恢宏的视觉体验。浅灰蓝的壁纸和含羞草黄色的窗帘形成了强烈的视觉冲击力，再加上亮白色的软体沙发和大面积的棕咖色木地板，一明一暗、一深一浅的搭配形成层次丰富、视觉震撼的氛围。

TIPS ▶ 在以单色为主体的软装环境中，选择单色的窗帘面料与其他单色主体进行对比或互补，营造出简洁、活跃、利索的空间氛围。

窄而高的窗型

　　窗幔采用素色布进行简洁的剪裁，并辅以撞色镶边，既展现了高窗的仪式感，又不乏精致的设计痕迹。对于狭长餐厅空间来说，也有助于空间感的延展。大地色系的雪尼尔窗帘面料与墙面的岩石饰面、原木地板以及做旧的藤编餐椅等和谐呼应，进一步强化了质朴、闲适的乡村风格的特征。

TIPS ▶ 窄而高的窗型，凸出的是高挑与简练，窗幔尽可能避免繁复的水波设计，以免形成臃肿与局促的视觉感受。

功能性飘窗

深邃的米克诺斯蓝护墙板加上岩石灰的沙发及地毯，使得空间略显沉重，选择一款米灰色的窗帘让整个画面亮堂了起来，飘窗相对于落地窗而言较为低矮，所以选择竖向的二方连续纹样不仅使深沉的空间活跃起来，更能拉高窗户的视觉效果。

TIPS ▶ 功能性飘窗，上下开启的窗帘款式（如罗马帘、气球帘、奥地利帘等）为上选，此类款式窗帘开启灵活、安装和开启的位置小，能节约出更多的使用空间。

多边型落地窗

多面的落地窗为此户型的亮点，因此窗帘的作用不仅仅是遮光，更重要的是要将这一亮点凸显得"犹抱琵琶半遮面"。选用轻盈的帘身面料和透亮的窗纱面料，色彩上以浅暖白的单色布结合深咖啡色的小镶边，将多面落地窗的通透和大气展现得淋漓尽致，窗外的景观若隐若现，使得室内氛围更为优雅灵动。

TIPS ▶ 多边形落地窗，窗幔的设计以连续性打褶为首选，能非常好地将几个面连贯在一起，避免水波造型分布不均的尴尬。

大花图案的窗帘给人自然清新的视觉感受

窗帘与沙发的色调形成冷暖对比

客厅窗帘布艺搭配

> 客厅窗帘色彩要与房间整体、家具颜色相和谐，一般窗帘的色彩要深于墙面，如淡黄色的墙面。可选用黄色或浅棕色的窗帘；浅蓝色的墙面可选用茶色或白底蓝花式的窗帘。如果想营造自然、清爽的家居环境，最好选择轻柔的布质类面料，想营造雍容华丽的居家氛围，可选用柔滑的丝质面料。

植绒面料的窗帘烘托出新古典风格客厅的华贵感

窗帘与沙发以及地毯的色彩形成呼应

拱形窗户

　　窗幔褶皱细密、面料选用密集的连续纹样，再饰以厚重的深色流苏，让视觉重点上移而产生庄重、大气的视觉效果，帘身采用浅驼色的单色布与墙面色彩形成一体，从而弱化了帘身的视觉感知，让仪式感极强的窗幔和沉稳庄重的家具上下均衡，而达到视觉平衡，避免挑高层的视觉空洞。

TIPS ▶ 利用窗户的拱形营造磅礴的气势感，应该把重点放在窗幔上，厚重繁复的窗幔如同罗马柱的柱头一般决定着整体的气势。

多扇窗或门连窗

　　本案选用了深青色的单色布艺制作窗幔及帘体，上下一体的做法及深邃的深青色带来视觉的后退感，让布置略显局促的家具和饰品前置，拉大了视觉空间 。缎面的材质光泽亮丽雅致，串珠流苏的镶边和挂穗的运用让水波显得更为流畅，散发出冷艳、高贵的气质。

TIPS ▶ 当一面墙有多扇窗或者是门连窗，化零为整是最佳的处理方法，窗幔采用连续水波的布置方式能将多个的窗户很好地形成一个整体。

平铺与水波结合

将平幔及边旗作为整个窗帘设计的重点，选用大马士革四方连续纹样进行适材剪裁，并以深色布镶边，让图形脱颖而出，水波窗幔采用同色系单色布结合串珠流苏的装饰，衬托出奢华雍容的气质。平铺结合水波的做法使整套窗帘的设计层次丰富、主次分明，为古典、奢华的软装空间增加颜值。

TIPS ▶ 在平铺窗幔与水波窗幔相结合的窗帘设计中，往往平铺部分是整个窗幔设计的重点，平幔的形状应结合面料图案的形态和尺寸比例进行剪裁，最好选用独立纹样的面料。

横向与纵向结合

在乡村氛围浓厚的空间里采用草编卷帘和布艺直帘相结合的方式，不仅使乡村风格特征更为突出，也迎合了卧室空间所呈现的温馨和柔软。布艺窗帘的面料汲取了草编帘的赭黄色和软体沙发的米褐色，从色彩上将不同材质、不同物件联系在一起，使整个空间和谐统一。

TIPS ▶ 不同材质、不同形式的窗帘组合，通过色彩关系进行贯串，能让其和谐存在，不显突兀。

大面宽窗户

　　大幅面的眉帘和挂帘组合成的窗帘，在整个空间中形成了带有色彩倾向的大块面，与客厅中的辅助沙发也形成了呼应和互动。

　　大面积的窗户带来大量的采光的同时，也给窗帘的布置创造了展示的有利条件。但大幅面的窗帘由于形成了空间一大块面的颜色和质感，需要和其他的软装饰品协调好彼此之间的关系。

粉色窗帘成就女孩的公主梦

卧室窗帘布艺搭配法则

> 卧室是私密要求较高的区域,适合选用较厚质的布料,窗帘的质地以植绒、棉、麻为佳。一般来说,越厚的窗帘吸声效果越好。如果想打造一个舒适的睡眠环境,最好为卧室选择具有遮光效果的窗帘,可选用人造纤维或混纺纤维。此外,还有绸缎、植绒等质感细腻的面料,遮光和隔声的效果也都比较好。

窗帘色彩纹样与整体环境和谐一致

酒红色窗帘适合稳重性格的业主卧室

暗金色窗帘衬托欧式卧室的高贵

儿童房的窗帘以卡通人物图案居多

两组不同窗户

　　卧室窗帘的色彩和做法比较别致，运用了大面积的素色搭配深色的边线，眉帘采用最简洁的平眉做法，床头的小窗户选用罗马帘的方式，虽然造型不同于主窗帘，但色调统一，整体感协调。

TIPS ▶ 如果在同一个卧室空间中有两组不同类型的窗户，窗帘的方式也可以选择两种不同的，但色调和材质应尽量一致。

◎中式风格床品布艺搭配

◎乡村风格床品布艺搭配

◎简约风格床品布艺搭配

◎欧式风格床品布艺搭配

床品布艺
搭配场景

床品除了具有营造各种装饰风格的作用之外，还具有适应季节变化、调节心情的作用。比如，夏天选择清新淡雅的冷色调床品，可以达到心理降温的作用；冬天可以采用热情张扬的暖色调床品达到视觉的温暖感；春秋则可以用色彩丰富一些的床品营造浪漫气息。

素雅意境

　　素雅的银桦色是床品唯一的装饰色彩，结合整体场景的暖灰色调，营造素净、雅致的卧室氛围。主体面料选用了意大利绒和雪尼尔绒两种材质，以其良好的光泽和柔和的触感抑制了灰调带来的冷峻，从而营造卧室空间所需的亲和力。靠枕的渐变条纹、枕头的填充回纹、腰枕装饰花边的二方连续回纹以及被罩的波点纹等让整套床品在单一色彩下依然变化多样，富有层次。

TIPS ▶ 采用单一色彩进行床品的配搭，应从纹样、材质上有所区别，才能体现床品的层次感。

床品布艺色彩搭配

> 为了营造安静美好的睡眠环境，卧室墙面和家具色彩都会设计得较柔和，因此床品选择与墙面相同或者相近的色调是一种正确的方法。同时，统一的色调也让睡眠氛围更柔和。此外可以选择与窗帘、抱枕等软饰相一致的面料作床品，形成和谐统一的空间氛围。注意这种搭配更适用于墙面、家具为纯色的卧室，否则太过缭乱。

欧式田园风格床品搭配

由床品延伸至抱枕的回纹图案富有统一感

黄色与灰色搭配床品适合现代风格家居

蓝白色的床品给人以清新的视觉感受

雍容华贵

从窗帘布艺和墙饰材质上提取的月光白和玳瑁棕成为床品的主要装饰色彩，深浅穿插，再加上金色的绣线点缀，使得床品层次十分丰富。床头玳瑁棕色的靠枕和床尾重工刺绣的搭巾主次呼应，增添了整套床品的仪式感。被罩和枕头的大马士革图案与窗纱的纹样相互映衬，让空间氛围和谐统一。细腻亮泽的涤棉色织提花面料，再加上丰富的褶皱工艺，呈现出雍容华贵的空间氛围。

TIPS ▶ 大气的大马士革图案、丰富饱满的褶皱以及精美的刺绣和镶嵌工艺都是搭配奢华床品的重要元素。

清新自然

草木绿、湖水蓝、樱花粉营造出极其清新自然的色彩氛围。植物花卉是此套床品的主体纹样，并通过纯色抱枕、格纹靠枕和被罩的映衬，达到主次分明，层次丰富的效果。

TIPS ▶ 搭配自然风格的床品，通常以一款植物花卉图案为中心，辅以格纹、条纹、波点、纯色等，忌各种花卉图案混杂。

粉色甜美

　　纯净的亮白色与亮丽的玫瑰粉营造出甜美俏丽的色彩氛围，枕头采用了荷叶花边和网纱花边装点，把少女的温婉和娇俏展现得淋漓尽致。玫粉色的布作花朵镶嵌在素白的腰枕和抱枕上，显得更加生动立体。纹样选用了波点和蒲公英图案，在甜美中又增添了一股清新自然的田园气息。

TIPS ▶ 搭配梦幻的女孩房床品，粉色系是不二之选，轻盈的蕾丝织物、多层荷叶花边、花朵、蝴蝶结等都是女孩的重要元素。

活泼阳光

爱马仕橙和代尔夫特蓝产生的强烈对比，把男孩房阳光、活泼、积极的特征阐述得淋漓尽致。各色格纹拼接的搭毯和枕头在整套床品中起到了调节气氛的作用，腰枕的动物图案童趣十足，鲜亮的橙色提亮了整套床品。绗缝工艺和粗织工艺给人一种不拘小节的随性感，更符合男孩子淘气好动的性情。

TIPS ▶ 格纹、条纹、卡通图案是男孩房床品的经典纹样，强烈的色彩对比能衬托出男孩活泼、阳光的性格特征，面料宜选用纯棉、棉麻混纺等亲肤的材质。

知性气质

　　淡雅的岩灰色床品透露出知性的气质，规整的几何图案若隐若现，给人一种理智、干练的感觉。抱枕采用了毛巾绣的工艺加上针织的搭毯，柔软而随性，给冷静的空间增添了几分温度感 。主体面料采用了棉麻混纺的材质，触感舒适，视觉柔和。

TIPS ▶　　有序列的几何图形能带来整齐、冷静的视觉感受，打造知性干练的卧室空间选用这一系列的图案是个非常不错的选择。

床幔布艺色彩搭配

中式风格床幔搭配

儿童房床幔搭配

东南亚风格床幔搭配

> 欧式风格的床幔可以营造出一种宫廷般的华丽视觉感，造型和工艺上并不复杂，最好选择有质感的织绒面料或者欧式提花面料。为营造出东南亚风格的原始、热情感，这种风格的床幔一般都选择亚麻材质或者纱质，色调上大多选择单色，如玫红色、亚麻色、灰绿色等。田园风格家居中，设计成有高高"幔头"的床幔，可以轻松营造公主房的感觉。这类床幔大都是贴着床头，将床幔杆做成半弧形，为了与此协调，床幔的帘头也都做成弧形，而且大都有荷叶边装饰。

与墙面相似颜色的床幔搭配

田园风格床幔搭配

简约纯粹

简约风格的床品看似简单，却又有细节所在。挪威蓝与冬日白的配色显得清爽洁净，纯色的面料搭配让人感觉简练纯粹，而面料的压绉工艺正是设计的细节所在，包括枕头的单色线绣，都彰显着简约不简单的品质感。

TIPS ▶ 如何搭配一组耐人寻味的简约风格床品？纯色是惯用的手段，面料的质感才是关键，压绉、绗缝、白织提花面料都是非常好的选择。

张扬个性

　　动物皮毛仿生织物是此套床品的亮点。床盖选用了富有肌理的压纹面料，被罩选用了立体感极强的菱形格纹粗织面料，使床品的感觉看起来粗犷奔放，加上豹皮、滩羊毛的仿生织物的运用，使床品张扬的个性更为突出。

TIPS ▶ 动物皮毛仿生织物应用于装饰类的构件时，避免大面积的使用，否则会让整套床品看起来臃肿浮夸。

传统意韵

蓝底白花的莲菊图案呈现出青花的古典风韵，加入橙赭色的映衬，显得青花更为抢眼，既传承了中式的意韵又突破传统中式的沉闷，时尚而富有文化底蕴。

TIPS ▶ 从纹样上延续中式传统文化的意韵，从色彩上突破传统中式的配色手法，利用这种内在的矛盾打造强烈的视觉印象。

床头帘

卧室的床头背景上大胆采用了床头帘的设计，结合空间中其他的软装家具，形成了高贵且又温馨的效果。

目前越来越流行的床头帘也成了卧室软装的新宠，它既可以让相对单调的床头背景墙面丰富起来，也能和床品以及周围的家具相互搭配，把卧室打造得更加温馨迷人。

地图图案床品

儿童房的床品采用了地图的图案，一方面与蓝色空间环境相协调，另一方面大面积的地图图案也形成空间中的一处装饰面，给整个儿童房空间以童趣化效果。

儿童房的床品作为空间中色块面积较大的区域，在搭配时需要考虑与整个空间效果相协调，多选择一些童趣化的图案纹样为佳，同时需要选用一些质地柔软的面料以呵护儿童的肌肤。

◎ 中式风格地毯布艺搭配

◎ 乡村风格地毯布艺搭配

◎ 简约风格地毯布艺搭配

◎ 欧式风格地毯布艺搭配

地毯布艺
搭配场景

一般地毯其实更多考虑跟窗帘搭配，因为家具属于主体，地毯与窗帘都属于配件，但是地毯与窗帘又是整个空间色调最主要的决定因素。 在地毯花纹的选择上，一般不选择纯黑色地毯，色彩过于浓重容易给空间压抑之感，选择花型较大、线条流畅的地毯图案，能营造出视觉开阔的效果。

浅色地毯

　　灰调的墙面、地面材质加上深沉的木质家具让光线略为暗沉，一张浅色的地毯提亮了整体空间，抽象的泼墨图案自由洒脱，给沉闷的空间增添了不少活力，同时也令新中式风格的文化韵味更为深厚。

TIPS ▶ 花型不规则且花型较大的地毯适宜开阔的客厅空间，大的空间能让花型得以舒展，衬托出空间的开阔与大气，在光线较暗的空间里选用浅色的地毯能使环境变得明亮。

发散形图案的地毯给客厅增加动感

客厅地毯布艺搭配

放在客厅的地毯需要占用较大的空间，可以选择厚重、耐磨的地毯。面积稍大的最好铺设到沙发下面，形成整体统一的效果。如果客厅面积不大，应选择面积略大于茶几的地毯。空间紧凑的小户型，对空间整体的灵动性要求较高，客厅地毯可以跳出沙发、家具的色彩，以跳跃、明快的方式与墙面、窗帘甚至于挂饰，在材质、图案以及色彩上形成层次呼应；大户型的客厅毯，更讲究大气稳重的花纹以及传统图案，以求与沙发、家具形成整体。

地毯与单人椅的色彩形成呼应

菱形图案的地毯给客厅增加活力氛围

羊毛地毯给客厅带来暖意

黑白条纹地毯延伸客厅空间

深色地毯

白色的天花与墙面，加上沙发背景镜面的反射让整个空间看起来轻浅，一张金咖相间的深色地毯让分量感陡增。地毯纹样的选择延续了天花的四方连续格纹，从形态上做到上下呼应。地毯金色的格纹与抱枕、搭毯等布艺，活跃了空间的色彩氛围。

TIPS ▶ 在光线充裕、环境色偏浅的空间里选择深色的地毯，能使轻盈的空间变得沉稳、厚重。

纯色地毯

　　烟灰色的纯色地毯让白色的墙面和墨色的沙发之间有了良好的过渡，弱化了黑白对比带来的锐利感。长毛绒强捻的工艺有着非常好的簇绒感，让生硬、冷冽的现代简约空间顿时变得柔软而具有亲和力和温度感。

TIPS ▶ 纯色地毯能带来一种素净淡雅的效果，通常适用于现代简约风格的空间。

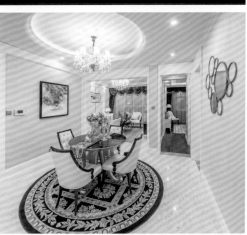

条纹地毯

蓝白相间的条纹地毯富有琴键般的韵律感，让偏狭长的餐厅空间得到视觉上的延伸。潜水蓝清爽、时尚、充满幻想，地毯选用这一色彩顺应了整体色调，打造一个秘境般引人遐思的餐厅空间。

TIPS ▶ 在长方形的餐厅、过道或者其他偏狭长的空间，横向铺一张条纹的地毯能有效地拉宽空间。

格纹地毯

　　以蓝色为基调的场景里，抱枕的条纹、点纹、波浪纹、台灯的四方连续格纹、沙发凳的团花以及装饰画的星辰图等，热闹非凡。此刻，让空间冷静下来的不只是代尔夫特蓝的静谧，还有恰如其分的一张格纹地毯，整齐的矩阵图形，让秩序感油然而生，较之纯色地毯与繁多的纹样之间的差异感，格纹更能融入其中。

TIPS ▶ 在软装配饰纹样繁多的场景里，一张规矩的格纹地毯能让热闹的空间迅速冷静下来而又不显突兀。

植物花卉地毯

在这个宽敞的欧式卧室中，地毯成为了点睛之笔，艳丽的色彩、舒展的花卉图案、立体剪花的工艺以及羊毛的材质使得整个空间极为饱满丰富，呈现出雍容富丽的尊贵品质。

TIPS ▶ 植物花卉图案的地毯能给大空间带来丰富饱满的效果，在欧式风格中，多选用此类地毯以营造典雅华贵的空间氛围。

卧室地毯布艺搭配

> 卧室是整个住宅空间相对私密的场所，在地毯的选择上，应着重考虑舒适度，选择短、长羊毛毯更为合适。无论是色泽协调柔和的小花图案，还是色彩对比上强烈一些的地毯，都可以凸显空间的温馨与层次感。在床尾铺设地毯，是很多样板房中最常见的搭配。对于一般家庭，如果整个卧室的空间不大，可以在床的一侧放置一块 1.8m×1.2m 的地毯。

黑白花纹的地毯是现代风格卧室的首选

地毯色彩与床品互相呼应

现代中式风格地毯搭配

充满动感图案的地毯体现儿童房活泼阳光的特征

手工地毯

　　波斯毯、珋绒毯和真丝毯，以其上乘的原料和精细的手工艺让其在地毯中显得极其尊贵。在这个古典欧式的客厅场景里，地毯精细紧实的花形与壁纸花卉图案遥相呼应，烘托着古典沉稳的家具，带来一种典雅庄重的视觉感受。

TIPS ▶ 手工地毯中以波斯毯最为常用，在欧式古典风格中，一张花型丰富细腻的波斯毯能带来典雅尊贵富有艺术气息的空间体验。